BEI GRIN MACHT SICH IHR
WISSEN BEZAHLT

- Wir veröffentlichen Ihre Hausarbeit,
  Bachelor- und Masterarbeit

- Ihr eigenes eBook und Buch -
  weltweit in allen wichtigen Shops

- Verdienen Sie an jedem Verkauf

**Jetzt bei www.GRIN.com hochladen
und kostenlos publizieren**

Sascha Wahl

Experimentelle Studien

GRIN Verlag

Bibliografische Information der Deutschen Nationalbibliothek:

Die Deutsche Bibliothek verzeichnet diese Publikation in der Deutschen National-
bibliografie; detaillierte bibliografische Daten sind im Internet über http://dnb.d-
nb.de/ abrufbar.

Dieses Werk sowie alle darin enthaltenen einzelnen Beiträge und Abbildungen
sind urheberrechtlich geschützt. Jede Verwertung, die nicht ausdrücklich vom
Urheberrechtsschutz zugelassen ist, bedarf der vorherigen Zustimmung des Verla-
ges. Das gilt insbesondere für Vervielfältigungen, Bearbeitungen, Übersetzungen,
Mikroverfilmungen, Auswertungen durch Datenbanken und für die Einspeicherung
und Verarbeitung in elektronische Systeme. Alle Rechte, auch die des auszugsweisen
Nachdrucks, der fotomechanischen Wiedergabe (einschließlich Mikrokopie) sowie
der Auswertung durch Datenbanken oder ähnliche Einrichtungen, vorbehalten.

Impressum:

Copyright © 2011 GRIN Verlag GmbH
Druck und Bindung: Books on Demand GmbH, Norderstedt Germany
ISBN: 978-3-656-08784-7

GRIN - Your knowledge has value

Der GRIN Verlag publiziert seit 1998 wissenschaftliche Arbeiten von Studenten, Hochschullehrern und anderen Akademikern als eBook und gedrucktes Buch. Die Verlagswebsite www.grin.com ist die ideale Plattform zur Veröffentlichung von Hausarbeiten, Abschlussarbeiten, wissenschaftlichen Aufsätzen, Dissertationen und Fachbüchern.

Besuchen Sie uns im Internet:

http://www.grin.com/

http://www.facebook.com/grincom

http://www.twitter.com/grin_com

UNIVERSITÄT HOHENHEIM

Fakultät Wirtschafts- und Sozialwissenschaften

Seminararbeit

über das Thema

Experimentelle Studien

Eingereicht am Lehrstuhl für Statistik und Ökonometrie I

Eingereicht von: Sascha Wahl

I

Inhaltsverzeichnis

1. Einleitung

Im Rahmen der volkswirtschaftlichen Kausalanalyse werden experimentelle Studien unter anderem[1] dazu verwendet, um die Auswirkungen von wirtschafts- und gesellschaftspolitischen Maßnahmen auf bestimmte Gruppen von Individuen zu evaluieren[2] und die kausalen Effekte solcher Maßnahmen zu isolieren.[3] Hierbei dreht es sich hauptsächlich um arbeitsmarkt- und bildungspolitische Maßnahmen, wie z.b. der Teilnahme von Geringqualifizierten bzw. Arbeitslosen an Weiterbildungsmaßnahmen zur Verbesserung der Arbeitsmarktchancen oder der Mitwirkung von sich in schulischer bzw. universitärer Ausbildung befindlicher Personen an Studien, die verschiedene Maßnahmen zur Verbesserung der Lernsituation oder der Leistungsfähigkeit dieser Individuen überprüfen. Die vollständige zufallsgesteuerte Auswahl von Maßnahmenteilnehmern und Nichtteilnehmern, d.h. der Kontrollgruppe, bildet dabei das Hauptmerkmal jeder experimentellen Studie.[4] Durch dieses Merkmal wird das Evaluierungsproblem, das jeder Studie mit Individuen zugrunde liegt, gelöst. Das Evaluierungsproblem äußert sich einerseits darin, dass es nicht möglich ist, ein und dieselbe Person gleichzeitig in zwei oder mehreren Zuständen zu beobachten.[5] Dieses Problem wird im Rahmen einer experimentellen Studie mittels einer Aufteilung der ausgewählten Personen in eine Teilnehmergruppe, welche die Maßnahme erhält, und eine Kontrollgruppe, welche nicht an der Maßnahme teilnimmt, gelöst. Am Ende jedes Experiments werden sodann die Erfolgsgrößen, wie z.B. das Einkommen oder die Wahrscheinlichkeit einer Wiederbeschäftigung nach der Förderung, der beiden Gruppen miteinander verglichen, um die Wirksamkeit der Maßnahme zu bewerten.[6] Die Erfolgsgrößen werden dabei häufig als Durchschnitte dargestellt.[7] Dabei liegt der Vorteil einer experimentellen Studie darin, dass die Differenz aus den beiden durchschnittlichen Erfolgsgrößen einen konsistenten Schätzer des wahren durchschnittlichen Maßnahmeneffektes darstellt, womit das Problem zwischen unterschiedlichen Schätzern wählen zu müssen vermieden wird.[8] Ein weiteres Merkmal des Evaluierungsproblems drückt sich im sogenannten selection bias aus, der insbesondere bei der Auswahl von Teilnehmern an der Studie auftritt und sich auf unbeobachtbare Eigenschaften der Individuen bezieht. Der selection bias tritt z.b. dann auf, wenn die Personen, die im Rahmen eines sozialen Experiments in die re-

---

[1] In Abgrenzung zur experimentellen Wirtschaftsforschung, deren Anliegen darin besteht, ökonomische Verhaltensannahmen mittels spieltheoretischer Ansätze im Labor zu überprüfen.
[2] Bauer, Fertig, Schmidt (2009), S. 149
[3] Ebenda, S. 139
[4] Ebenda, S. 148
[5] Heckman, Smith (1996), S. 40
[6] Björklund, Regnér (1996), S. 90
[7] Heckman, Smith (1995), S. 87
[8] Björklund, Regnér (1996), S. 90 - 91

präsentative Stichprobe gelangt sind, selber entscheiden, ob sie an der Maßnahme teilnehmen, oder wenn diese Entscheidung von den Verantwortlichen getroffen wird. Dieses Problem wird innerhalb einer perfekten experimentellen Studie durch die vollständige zufallsgesteuerte Zuteilung der Individuen auf die Teilnehmer- und Kontrollgruppe gelöst.[9] Bei hinreichender Stichprobengröße sorgt die Zufallsauswahl zudem für einen Ausgleich aller Charakteristika der Teilnehmer- und Kontrollgruppenmitglieder, womit die reine Durchschnittsbildung ausreichend ist, um den durchschnittlichen Effekt einer Maßnahme zu schätzen. Mit anderen Worten bedeutet dies, dass keine bedingten Durchschnitte gebildet werden müssen.[10] Im Mittelpunkt jeder experimentellen Studie steht damit die Frage, inwiefern sich die Situation der Maßnahmenteilnehmer gegenüber den Nichtteilnehmenden verändert hat. In der folgenden Darstellung soll dabei unter Gliederungspunkt zwei zunächst auf die potentiellen Probleme bei der Durchführung experimenteller Studien eingegangen werden. Unter Gliederungspunkt drei wird darauf aufbauend das Projekt STAR (Student-Teacher Achievement Ratio) als Beispiel für eine in der Praxis durchgeführte experimentelle Studie dargestellt und einer kritischen Bewertung unterzogen.

2. Potentielle Probleme bei der Durchführung experimenteller Studien

Störungen der internen und der externen Validität können bei der praktischen Durchführung experimenteller Studien auftreten. Dadurch entsteht potentiell das Problem, dass die im Rahmen einer experimentellen Studie aufgedeckten Effekte einer Maßnahme an einer Gruppe von Individuen nicht mit den wirklichen kausalen Effekten einer solchen Maßnahme übereinstimmen.[11] Damit können Störungen der internen und der externen Validität letztendlich zu einer Einschränkung der Aussagekraft experimenteller Studien führen.[12]

2.1 Störungen der internen Validität

Die Ergebnisse einer experimentellen Studie sind dann intern valide, wenn diese auch für die Population gelten, aus der die Teilnehmer an der experimentellen Studie gezogen wurden.[13] Störungen der internen Validität treten insbesondere bei einer fehlerhaften Randomisierung, bei einer fehlerhaften Maßnahmendurchführung, beim sogenannten Hawthorne-Effekt und bei zu kleinen Stichproben auf.[14]

---

[9] Björklund, Regnér (1996), S. 90
[10] Bauer, Fertig, Schmidt (2009), S. 149
[11] Ebenda, S. 151
[12] Ebenda, S. 156
[13] Ebenda, S. 151
[14] Stock, Watson (2007), S. 472

Fehlerhafte Randomisierung: Wie einleitend bereits erwähnt, bildet die vollständige zufallsgesteuerte Auswahl der Maßnahmenteilnehmer den Kern jeder experimentellen Studie. Dieses elementare Charakteristikum einer experimentellen Studie kann dadurch verletzt werden, dass die Auswahl der Maßnahmenteilnehmer aus der Population nicht rein zufällig erfolgt, sondern durch die individuellen Präferenzen oder Charakteristika der Personen bestimmt wird. Ist dies der Fall, dann entspricht der experimentell gemessene Maßnahmeneffekt nicht dem wahren kausalen Effekt. Der Grund dafür liegt darin, dass der experimentell ermittelte Maßnahmeeffekt dann einerseits durch diese individuellen Präferenzen oder Charakteristika und andererseits durch den Effekt der Maßnahme bestimmt wird, womit letztendlich eine Verzerrung des experimentell ermittelten Effektes einhergeht.[15] Beispielsweise kann es vorkommen, dass die auswählbaren Personen auf Grund des Anfangsbuchstabens ihres Nachnamens entweder der Teilnehmer- oder der Kontrollgruppe zugeordnet werden. Wegen zu erwartender ethnischer Unterschiede in den Nachnamen und den daraus möglicherweise resultierenden Differenzen hinsichtlich des Ausbildungsniveaus oder der Arbeitserfahrung, kann es zu einer systematischen Verletzung des Zufallsprinzips und damit der internen Validität kommen.[16]

Fehlerhafte Maßnahmendurchführung: Die interne Validität einer experimentellen Studie kann auch durch eine fehlerhafte Durchführung der Maßnahme bzw. durch ein Abweichen von der protokollarisch festgelegten Vorgehensweise gestört werden. So kann es trotz einer zufälligen Zuteilung der Personen zur Teilnehmer- bzw. Kontrollgruppe dazu kommen, dass die Teilnahme bzw. Nicht-Teilnahme nicht zufällig ist.[17] Dies kann sich einerseits dadurch äußern, dass sich eine Person, die der Maßnahmenteilnehmergruppe zugeordnet wurde, dazu entscheidet, nicht an der Maßnahme teilzunehmen. Andererseits kann eine Person, die ursprünglich der Kontrollgruppe zugeordnet wurde, bspw. durch einen Einspruch doch einen Platz in der Teilnehmergruppe erlangen.[18] Die dritte Möglichkeit einer Abweichung von der protokollierten Vorgehensweise kann darin bestehen, dass eine Person, die der Teilnehmergruppe zugeordnet wurde, zwar an der Maßnahme teilnimmt, diese jedoch aus persönlichen Gründen, wie z.B. durch einen Wechsel des Wohnortes, vorzeitig abbricht.[19] Sind diese Abweichungen von der protokollierten Vorgehensweise nicht durch die Zufälligkeit, sondern vielmehr durch die individuellen Präferenzen oder Charakteristika der Personen bestimmt, dann kommt es zu einer Verzerrung des experimentell ermittelten Maßnahmeneffektes hin-

---

[15] Bauer, Fertig, Schmidt (2009), S. 152
[16] Stock, Watson (2007), S. 472
[17] Bauer, Fertig, Schmidt (2009), S. 152
[18] Stock, Watson (2007), S. 472
[19] Ebenda, S. 473

4

sichtlich des wahren kausalen Effektes. Diese Verzerrung lässt sich auf eine Korrelation dieser individuellen Präferenzen oder Charakteristika mit der Erfolgsgröße zurückführen.[20]

Hawthorne-Effekt: Der experimentell aufgedeckte Effekt einer Maßnahme kann auch durch den sogenannten Hawthorne-Effekt[21] einer Verzerrung unterliegen. Der Hawthorne-Effekt äußert sich in einer Verhaltensänderung der Teilnehmer, die alleine durch die Teilhabe an dem Experiment ausgelöst wird. So kann es z.b. vorkommen, dass die Teilnehmer ihre Anstrengungen hinsichtlich eines erfolgreichen Abschlusses der Maßnahme durch die erhöhte Aufmerksamkeit an ihrer Person verstärken.[22] Zudem kann es vorkommen, dass Lehrkräfte innerhalb einer Weiterbildungsmaßnahme ihre Anstrengungen bezüglich einer erfolgreichen Bewertung der Maßnahme bekräftigen, wenn deren Fortbestehen und damit die Beschäftigungssituation dieser Lehrkräfte von einer zufriedenstellenden Bewertung dieses Experiments abhängig ist.[23] Eine Vermeidung des Hawthorne-Effektes in wirtschaftswissenschaftlichen experimentellen Studien gestaltet sich dabei als schwierig bis unmöglich, da es im Rahmen einer solchen Studie kaum zu verbergen ist, ob eine Person zu den Teilnehmern gehört oder nicht.[24]

Kleine Stichproben: Experimentelle Studien erweisen sich häufig als äußerst kostspielig. Deshalb sind die Stichproben, aus denen die Teilnehmer zufällig gezogen werden, zumeist nicht sehr groß, womit vergleichsweise nur wenige Datensätze zur Evaluation bereitstehen. Kleine Stichproben führen zu einer geringeren Präzision der experimentell ermittelten Effekte und damit möglicherweise zu einer Verletzung der internen Validität, nicht jedoch zu einer Verzerrung des experimentell gemessenen Effektes hinsichtlich des wahren kausalen Zusammenhanges.[25]

2.2 Störungen der externen Validität

Eine experimentelle Studie ist dann extern valide, wenn die Ergebnisse auch auf andere Populationen übertragen bzw. generalisiert werden können.[26] Dabei stellen nicht-repräsentative Stichproben, eine nicht-repräsentative Maßnahme und allgemeine Gleichgewichtseffekte mögliche Störquellen für die externe Validität dar.

---

[20] Bauer, Fertig, Schmidt (2009), S. 153
[21] Für die Herkunft dieses Names s. Bauer, Fertig, Schmidt (2009), S. 153
[22] Stock, Watson (2007), S. 474
[23] Ebenda, S. 475
[24] Bauer, Fertig, Schmidt (2009), S. 153
[25] Ebenda, S. 153
[26] Ebenda, S. 154

Nicht-repräsentative Stichproben: Eine Verallgemeinerung der Ergebnisse einer experimentellen Studie ist nur dann möglich, wenn die Teilnehmer eine repräsentative Stichprobe der interessierenden Population darstellen. Diese Voraussetzung wird meistens bei einer freiwilligen Teilnahme an der Studie verletzt. Denn es besteht die Gefahr, dass es trotz einer zufälligen Zuteilung zur Teilnehmer- und Kontrollgruppe vorkommt, dass die Freiwilligen zum einen keine repräsentative und zum anderen keine zufällige Stichprobe der Population darstellen.[27] So besteht die Möglichkeit, dass die freiwilligen Teilnehmer bspw. eine höhere Motivation als der repräsentative Teil der Population hinsichtlich einer erfolgreichen Teilnahme vorweisen, womit sich die Verallgemeinerung des experimentell ermittelten Maßnahmeneffektes auf die interessierende Population als schwierig erweist.[28]

Nicht-repräsentative Maßnahme: Eine Generalisierung der experimentell ermittelten Ergebnisse erweist sich auch dann als schwierig, wenn sich die innerhalb einer räumlich, finanziell und zeitlich begrenzten experimentellen Studie ausgeübten Maßnahmen deutlich von den Maßnahmen unterscheiden, die in der Realität durchgeführt werden.[29] Denn es kann z.B. dazu kommen, dass die im Gegensatz zum Experiment auf breiter Basis und mit einem längeren Zeitfenster versehene durchgeführte Maßnahme wegen finanzieller Beschränkungen eine geringere oder eine schwächere Qualitätskontrolle aufweist und damit an Effektivität einbüßt.[30] Letztendlich kann dies dazu führen, dass der Effekt, der in der Realität implementierten Maßnahme, geringer ausfällt als der experimentell ermittelte Effekt, womit es zu einer Verzerrung kommt.[31]

Allgemeine Gleichgewichtseffekte: Eine Störung der externen Validität kann auch durch sogenannte allgemeine Gleichgewichtseffekte bedingt sein. Allgemeine Gleichgewichtseffekte treten insbesondere dann ein, wenn eine Maßnahme, die in einer räumlich und zeitlich begrenzten experimentellen Studie evaluiert wurde, in ein großflächiges und permanentes Projekt überführt wird. Dabei ist zu beachten, dass es im Rahmen der Evaluierungsstudie möglich ist, das politische und wirtschaftliche Umfeld konstant zu halten.[32] Eine breite und auf Dauer angelegte eingeführte Maßnahme kann dieses Umfeld jedoch derart verändern, dass es nicht möglich ist die experimentell gemessenen Effekte zu generalisieren.[33] Beispielsweise kann sich die Qualität der Lehrkräfte einer Weiterbildungsmaßnahme nach der Implementierung auf Grund einer steigenden Nachfrage nach Ausbildern und damit möglicherweise verbunde-

---

[27] Bauer, Fertig, Schmidt (2009), S. 154
[28] Stock, Watson (2007), S. 475
[29] Bauer, Fertig, Schmidt (2009), S. 154
[30] Stock, Watson (2007), S. 476
[31] Bauer, Fertig, Schmidt (2009), S. 154
[32] Ebenda, S. 154
[33] Stock, Watson (2007), S. 476

6

nen Akzeptanz von schlechter ausgebildetem Lehrpersonal verringern, wohingegen es während der Evaluierungsphase möglich war, eine qualitativ hohe Weiterbildung zu gewährleisten. Damit besteht die Gefahr, dass sich der experimentell ermittelte positive Effekt nach der großräumigen Implementierung verringert und sich damit nicht verallgemeinern lässt.[34]

3. Experimentelle Studien in der Praxis – Das Projekt STAR

Das im US-amerikanischen Bundesstaat Tennessee durchgeführte STAR-Experiment hatte zum Ziel, den Effekt einer Verkleinerung der Schulklassengröße auf die Lernleistung der Schüler zu schätzen und zu bewerten. Dabei erlaubte das Design der Studie einen Ausweis der Ergebnisse nach Geschlecht, ethnischer Zugehörigkeit und dem sozioökonomischen Hintergrund.[35] Das vierjährige Projekt wurde im Jahr 1985 begonnen, wobei in diesem Zeitraum ca. 11.600 Schüler in 80 Schulen an der Studie teilnahmen. Innerhalb dieser Phase summierten sich die Gesamtkosten des Projekts auf ca. 12 Mio. $, wobei ein Großteil dieser Kosten durch die Löhne der zusätzlich eingestellten Lehrer bestimmt wurde.[36]

3.1 Aufbau und Durchführung der Studie

Zur Bestimmung des Effektes einer Verkleinerung der Schulklassengröße wurden in Grundschulen drei verschiedene Klassentypen miteinander verglichen: (1) kleine Schulklassen mit 13-17 Schülern, einem Lehrer und ohne Hausaufgabenhilfe; (2) reguläre Schulklassen mit 22-25 Schülern, einem Lehrer und mit Hausaufgabenhilfe und (3) reguläre Schulklassen mit 22-25 Schülern, einem Lehrer und ohne Hausaufgabenhilfe.[37] Die Einführung einer Hausaufgabenhilfe diente der Feststellung, ob dieses Angebot einen ähnlichen Effekt wie die Reduzierung der Schulklassengröße mit sich bringen würde.[38] Jede partizipierende Schule hatte mindestens eine Klasse aus jeder der drei Klassentypen.[39] Zudem wurde das Experiment in jedem Schuljahr nur in einer Klassenstufe mit den drei Klassentypen durchgeführt, um die Anzahl der benötigten Klassenräume zu minimieren.[40] Um an der Studie teilnehmen zu können, mussten die Grundschulen sich erstens dazu verpflichten, vier Jahre für das Projekt bereitzustehen. Zweitens musste jede Grundschule mindestens 57 Schüler in jeder Jahrgangsstufe haben, um zwei Klassen mit 22 und eine Klasse mit 13 Schülern bereitzustellen. Durch diese Bedingung wurde es ermöglicht, Vergleiche zwischen den drei Klassentypen innerhalb einer

[34] Bauer, Fertig, Schmidt (2009), S. 154
[35] Finn, Achilles (1999), S. 98
[36] Bauer, Fertig, Schmidt (2009), S. 149
[37] Ebenda, S. 149
[38] Finn, Achilles (1999), S. 98
[39] Stock, Watson (2007), S. 486
[40] Mosteller (1995), S. 115

einzelnen Schule anzustellen.[41] Die partizipierenden Grundschulen wurden gemäß ihrer räumlichen Lage in vier Klassen, nämlich innerstädtisch, städtisch, vorstädtisch und ländlich, unterteilt. Damit sollte sichergestellt werden, dass der Fortschritt bzw. Lernerfolg jedes Schülers mit jeglichem familiären und sozialen Hintergrund evaluiert werden konnte.[42] Zu Beginn des Schuljahres 1985/86 wurden Schulanfänger und Lehrer per Zufall einem der drei Klassentypen zugewiesen, wobei das Protokoll des Experiments ein Verweilen der Schüler im zugeteilten Klassentyp bis zum Ende des vierjährigen Projekts vorsah. Auf Grund von Beschwerden seitens der Eltern wurde diese Bedingung jedoch gelockert. So wurden Schüler, die ursprünglich einer regulären Klasse mit oder ohne Hausaufgabenhilfe zugeteilt wurden, im zweiten Jahr des Experiments innerhalb dieser beiden Klassentypen nochmals zufällig verteilt. Schüler, die ursprünglich einer kleinen Klasse zugewiesen wurden, verblieben auch in diesem Klassentyp bis zum Ende des Experiments. Grundschüler, die erst ab dem zweiten Jahr des Projekts teilnahmen, wurden ebenfalls zufällig auf einen der drei Klassentypen verteilt.[43] Am Anfang jedes Schuljahres wurde jeder Klasse der drei Klassentypen eine neue Lehrkraft per Zufall zugewiesen.[44] Um die Lernerfolge der Grundschüler jedes Klassentyps miteinander vergleichen zu können, nahmen diese am Ende jedes Schuljahres insgesamt an vier Tests teil. Zum einen wurden das Lese- und Schreibverständnis anhand eines standardisierten, also national vergleichbaren, und eines sich am Lehrplan des Bundestaates orientierenden Tests überprüft. Für das Verständnis in Mathematik wurde ebenfalls sowohl ein standardisierter als auch ein Lehrplan-orientierter Test eingesetzt.[45] Zudem füllten das Lehrpersonal einschließlich der Hausaufgabenhilfen am Ende jedes Schuljahres Fragebögen aus, um ihre Eindrücke und Erfahrungen rund um das Projekt zu protokollieren.[46] Am Ende des STAR-Experiments im Jahr 1989 kehrten alle Schüler in Schulklassen mit regulärer Klassengröße zurück.[47]

3.2 Kritische Bewertung der Ergebnisse

Die Ergebnisse der Studie lassen sich wie folgt zusammenfassen: Einerseits wurden statistisch signifikante Unterschiede zwischen den drei Klassentypen in jedem Jahr des Experiments für alle gemessenen Erfolgsgrößen, also die Testergebnisse der standardisierten und der Lehrplan-orientierten Tests für das Lese-, Schreibe-, und Mathematikverständnis, festgestellt. Dabei erzielten Schüler, die einer kleinen Klasse zugeordnet wurden, im Durchschnitt bessere

---

[41] Mosteller, (1995), S. 115
[42] Ebenda, S. 115
[43] Stock, Watson (2007), S. 486
[44] Finn, Achilles (1999), S. 98
[45] Mosteller (1995), S. 117
[46] Finn, Achilles (1999), S. 98
[47] Ebenda, S. 98

Testergebnisse als die Schüler einer regulären Klasse mit oder ohne Hausaufgabenhilfe.[48] Andererseits war dieser Effekt der besseren Testergebnisse auf Grund der reduzierten Klassengröße für Schüler aus sozial schwachen Familien und ethnischen Minderheiten größer. Des Weiteren wurde festgestellt, dass während der gesamten Laufzeit der Studie keine statistisch signifikanten Unterschiede zwischen den Testergebnissen der Schüler einer regulären Klasse mit Hausaufgabenhilfe und den Testergebnissen der Schüler einer regulären Klasse ohne Hausaufgabenhilfe bestanden. Der Effekt einer Hausaufgabenhilfe auf die Testergebnisse der Schüler übte daher, wenn überhaupt, nur einen geringen Einfluss auf den Lernerfolg der Schüler aus.[49] Ebenfalls wurde festgestellt, dass es keine statistisch signifikanten geschlechtsspezifischen Unterschiede gab, womit Mädchen sowie Jungen von dem Vorteil in einer kleinen Klasse zu sein profitierten.[50] Da es beim Projekt STAR zu einigen Abweichungen von der protokollarisch vorgegebenen Vorgehensweise und damit zu Fehlern bzw. Problemen bei der Implementierung und Durchführung des Experiments kam, ist es fraglich, ob sowohl die interne als auch die externe Validität der Studie unverletzt sind. Bezüglich der internen Validität des STAR-Experiments wurde bemängelt, dass während der gesamten Laufzeit eine beachtliche Anzahl an Schülern vorzeitig aus dem Projekt ausgeschieden ist.[51] Insgesamt wurden während der vierjährigen Projektphase 5.494 Schüler auf Grund eines vorzeitigen Abbruchs durch neue Schüler ersetzt. Von der ursprünglichen Anzahl an Schülern zum Start des Projekts STAR im Jahr 1985 verblieb nur ein Anteil von 48 % in den drei Klassentypen bis zum Ende des Experiments. Problematisch bei diesem vorzeitigen Abbruch ist, dass dieser zumeist nicht zufällig erfolgte, sondern vielmehr nur die Schüler betraf, die in den verschiedenen Tests im Durchschnitt unterdurchschnittliche Ergebnisse erzielten.[52] Eine weitere Verletzung der internen Validität besteht hinsichtlich der Tatsache, dass eine große Anzahl der Schüler nicht an den verschiedenen Tests während der vierjährigen Projektphase teilgenommen haben. Auch hier ist fraglich, inwieweit dies überhaupt durch die Zufälligkeit geprägt war.[53] Ein weiterer Kritikpunkt bestand darin, dass ca. 10 % der Schüler während der gesamten Laufzeit des Experiments zwischen Klassen mit großer und kleiner Größe wechselten. Dieser Wechsel zwischen den verschiedenen Klassen lässt sich vor allem auf Verhaltensprobleme einiger Schüler sowie Beschwerden seitens der Elternschaft zurückführen, womit auch hier eine Ver-

---

[48] Finn, Achilles (1999), S. 98
[49] Ebenda, S. 98
[50] Ebenda, S. 98
[51] Hanushek (1999), S. 151
[52] Ebenda, S. 151
[53] Ebenda, S. 153

letzung des Zufälligkeitsprinzips und damit der internen Validität vorliegt.[54] Des Weiteren wurde bemängelt, dass insbesondere beim bestehenden und beim neu eingestellten Lehrpersonal der sogenannte Hawthorne-Effekt aufgetreten sein könnte. Dies ist zum einen durch die Tatsache bedingt, dass sowohl in den Schulen als auch in den Haushalten, aus denen die an dem Experiment teilnehmenden Schüler stammten, bekannt war, welche Lehrkräfte einer kleinen Klasse und welche einer regulären Klasse zugeordnet wurden. Wenn man davon ausgeht, dass den Lehrern, die einer kleinen Klasse zugeordnet wurden, dadurch eine besondere Aufmerksamkeit hinsichtlich der Effizienz der Maßnahme und des Lernerfolgs der Schüler geschenkt wurde, dann besteht die Möglichkeit, dass insbesondere diese für eine hohe Qualität ihres Unterrichts sorgten.[55] In diesem Zusammenhang ist auch anzumerken, dass schon alleine die Ankündigung und Durchführung einer so großen und finanziell gewichtigen Studie einen Einfluss auf das Verhalten der Lehrkräfte ausgeübt haben könnte. Denn auch hier spielten die vermutlich überwiegend positiven Erwartungen hinsichtlich einer Effizienzsteigerung des Unterrichts und einer Erhöhung des Lernerfolgs der Schüler eine Rolle in Bezug auf das Verhalten der Lehrerschaft. Damit kann man vermuten, dass insbesondere die Lehrer einen Anreiz für einen qualitativ hochwertigen Unterricht hatten, die eine kleine Klasse unterrichteten, da sich ein positives Ergebnis der Studie auf deren Beschäftigungssituation und die finanzielle Situation der Schule auswirken würde.[56] Auch hinsichtlich der zufälligen Verteilung des Lehrpersonals auf die verschiedenen Klassentypen wurden Zweifel geäußert. So sah das Protokoll des STAR-Experiments zwar eine zufällige Verteilung der Lehrer vor, allerdings geben die Daten wenig Auskunft darüber, wie dies bewerkstelligt wurde. Unter Einbezug der großen Unterschiede des Ausbildungs- und Qualitätsniveaus der einbezogenen Lehrkräfte kann dies zu einer Verzerrung der Ergebnisse führen.[57] In Bezug auf die externe Validität des Experiments wurden Zweifel einerseits dahingehend geäußert, dass die an der Studie teilnehmenden Schulen keine repräsentative Stichprobe darstellten. Die Schulen hatten sich freiwillig gemeldet und mussten sich, wie unter Gliederungspunkt 3.1 erwähnt, zum einen für die vierjährige Projektphase verpflichten und zum anderen mindestens 57 Schüler in jeder Jahrgangsstufe haben, um die drei Klassentypen bilden zu können. Des Weiteren unterschieden sich die an dem Experiment teilnehmenden Schulen deutlich von den nichtteilnehmenden Schulen hinsichtlich des Anteils an Schülern aus sozial schwachen Familien und ethnischen Minderheiten. So hatten die teilnehmenden Schulen bspw. einen Anteil von 33 % an Schülern mit einem

---

[54] Krueger (1999), S. 499
[55] Hanushek (1999), S. 153
[56] Bauer, Fertig, Schmidt (2009), S. 155
[57] Hanushek (1999), S. 152

afroamerikanischen Hintergrund, wohingegen der Anteil an afroamerikanischen Schülern aus allen Schulen des Bundesstaates Tennessees im Jahr 1986 lediglich 23 % betrug. Damit gestaltet sich eine Generalisierung der Ergebnisse als schwierig.[58] Zudem ist zu beachten, dass während der vierjährigen Projektphase insgesamt 4 Schulen aus dem Experiment ausgestiegen sind. Die Gründe für diese Abbrüche sind nicht verzeichnet.[59] Die externe Validität des Experiments kann auch wegen zu erwartender allgemeiner Gleichgewichtseffekte bezweifelt werden, da es bei einer großflächigen Implementierung einer Reduzierung der Schulklassengröße zu einer erheblichen Nachfragesteigerung nach zusätzlichen Lehrkräften kommen würde, womit die Gefahr besteht, dass die Durchschnittsqualität des Lehrpersonals abnimmt und damit der positive Effekt der Reduzierung der Schulklassengröße vermindert wird.[60] Alles in allem zeigt sich, dass die Ergebnisse des STAR-Experiments durch einige Verletzungen bzw. Unsicherheiten hinsichtlich der internen und der externen Validität höchstwahrscheinlich einer Verzerrung unterliegen. Trotzdem führen diese Verletzungen nicht notwendigerweise zu einer starken Einschränkung der Aussagefähigkeit des STAR-Experiments, da sich die Ergebnisse des Projekts mit den Aussagen vieler nicht-experimenteller Evaluationen, die sich mit der gleichen oder einer ähnlichen Frage wie das STAR-Projekt befassten, decken.[61]

4. Schlussbetrachtung

Experimentelle Studien mit einer perfekten vollständigen zufallsgesteuerten Auswahl der Teilnehmer stellen in der Theorie das überzeugendste Mittel zur Bewertung von wirtschafts- und gesellschaftspolitischen Maßnahmen dar.[62] Dennoch wurden bzw. werden in der Praxis nur wenige Studien dieser Art durchgeführt. Die Gründe dafür liegen zumeist in der großen finanziellen Belastung und der hohen Komplexität bezüglich der Ausgestaltung und der Durchführung einer solchen Studie. Werden die hohen Anforderungen, die an eine experimentelle Studie gestellt werden, nicht oder nur teilweise erfüllt, dann kann es zu Störungen der internen und der externen Validität kommen, womit die Aussagefähigkeit einer experimentellen Studie eingeschränkt werden kann. Dennoch führen gerade diese hohen Anforderungen bei einer Erfüllung zu qualitativ äußerst wertvollen Ergebnissen, womit der Aufwand, den eine experimentelle Studie mit sich bringt, mehr als aufgewogen wird.

---

[58] Hanushek (1999), S. 151
[59] Ebenda, S. 151
[60] Bauer, Fertig, Schmidt (2009), S. 156
[61] Hanushek (1999), S. 158
[62] Ebenda, S. 150

Literaturverzeichnis

Bauer, T. K., Fertig, M.,Schmidt, C. M. (2009), *Empirische Wirtschaftsforschung – Eine Einführung*, Springer Verlag, Berlin

Björklund, A., Regnér, H. (1996), Experimental Evaluation of European Labour Market Policy, in: Schmidt, G., O'Reilly, J. (Hrsg.), *International Handbook of Labour Market Policy and Evaluation*, Edward Elgar, Brookfield, VT, S. 89-114

Finn, J. D., Achilles, C. M. (1999), Tennessee's Class Size Study: Findings, Implications, Misconceptions, *Educational Evaluation and Policy Analysis*, Vol. 21, Nr. 2, S. 97-109

Hanushek, E. A. (1999), Some Findings From an Independent Investigation of the Tennessee STAR Experiment and From Other Investigations of Class Size Effects, *Educational Evaluation and Policy Analysis*, Vol. 21, Nr. 2, S. 143-163

Heckman, J. J., Smith, J. A. (1995), Assessing the Case for Social Experiments, *Journal of Economic Perspectives*, Vol. 9, Nr. 2, S. 85-110

Heckman, J. J., Smith, J. A. (1996), Experimental and Nonexperimental Evaluation, in: Schmidt, G., O'Reilly, J. (Hrsg.), *International Handbook of Labour Market Policy and Evaluation,* Edward Elgar, Brookfield, VT, S. 37-88

Krueger, A. B. (1999), Experimental Estimates Of Education Production Functions, *The Quarterly Journal of Economics*, Vol. 114, Nr. 2, S. 497-532

Mosteller, F. (1995), The Tennessee Study of Class Size in the Early School Grades, *The Future of Children*, Vol. 5, Nr. 2, S. 113-127

Stock, J. H., Watson, M. W. (2007), *Introduction to Econometrics*, 2. Auflage, Addison-Wesley, Boston (MA)